新时代乡村振兴丛书

英红九号
生态栽培实用图说

黎健龙　唐劲驰　杨子银◎编著

SPM 南方出版传媒

广东科技出版社 | 全国优秀出版社

·广 州·

图书在版编目（CIP）数据

英红九号生态栽培实用图说/黎健龙，唐劲驰，杨子银编著. —广州：广东科技出版社，2021.12
（新时代乡村振兴丛书）
ISBN 978-7-5359-7699-4

Ⅰ．①英… Ⅱ．①黎…②唐…③杨… Ⅲ．①红茶—栽培技术—图解 Ⅳ．①TS272.5-64

中国版本图书馆CIP数据核字（2021）第159335号

英红九号生态栽培实用图说
Yinghongjiuhao Shengtai Zaipei Shiyong Tushuo

出 版 人：严奉强
责任编辑：区燕宜 于 焦
封面设计：柳国雄
责任校对：李云柯
责任印制：彭海波
出版发行：广东科技出版社
　　　　　（广州市环市东路水荫路 11 号　邮政编码：510075）
销售热线：020-37607413
http://www.gdstp.com.cn
E-mail：gdkjbw@nfcb.com.cn
经　　销：广东新华发行集团股份有限公司
印　　刷：广州彩源印刷有限公司
　　　　　（广州市黄埔区百合三路 8 号 201 房　邮政编码：510700）
规　　格：889mm×1 194mm　1/32　印张3.5　字数96 千
版　　次：2021 年 12 月第 1 版
　　　　　2021 年 12 月第 1 次印刷
定　　价：19.80 元

《英红九号生态栽培实用图说》
编委会

组织单位：广东省农业科学院茶叶研究所

广东省茶树资源创新利用重点实验室

中国科学院华南植物园

广东鸿雁茶业有限公司

编　　著：黎健龙　唐劲驰　杨子银

参编人员：曾兰亭　周　波　廖茵茵　陈义勇

赵文霞　肖阳央　刘嘉裕　农红艳

崔莹莹　胡海涛

前 言

我国是传统农业大国，农作物种植已经历漫长的历史。长期以来，我国农作物栽培技术不断改进，对科学指导农业生产、保证农作物产量具有积极意义。茶树是我国主要的经济作物之一，适宜的栽培技术，对提高茶叶产量和品质、降低生产成本、提高劳动效率和经济效益具有重要意义。

英红九号茶树品种是由广东省农业科学院茶叶研究所从云南大叶茶群体中采用单株育种法育成；1988年广东省农作物品种审定委员会认定英红九号为省级良种。英红九号是全国屈指可数的一个拥有完全自主知识产权的茶树品种名和红茶产品名，进而发展成为中国红茶区域公共品牌科技创新的业界典范。《2021中国茶叶区域公用品牌价值评估报告》中指出，英德红茶品牌价值位居红茶类前列。英红九号是英德红茶的杰出代表，在广东乃至华南茶区，越来越多的企业和农户种植英红九号茶树。

本书共有八个部分，针对英红九号茶树栽培端的重要环节，主要分为英红九号简介、新茶园建设、茶树种植技术、树冠培养技术、土壤管理技术、病虫害绿色防控技术、英红九号茶树常见病虫害及防治技术、主要自然灾害及应对措施等内容。同时还在各部分附以相关照片和操作彩图，以便读者更好地理解和操作。

本书具有较强的针对性、实用性和易读性，可为茶叶企业、茶农、相关技术人员提供实际操作指导，也可供从事茶叶生产和科研工作的人员参考。限于编者水平，书中难免存在错漏，敬请专家和读者批评指正。

编著者
2021年6月

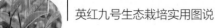

第一部分
英红九号简介

英红九号生态栽培实用图说

　　英红九号茶树品种［*Camellia sinensis* var. *assamica*（Masters）Kitamura cv. *Yinghong 9*］是由广东省农业科学院茶叶研究所于1961—1986年从云南大叶茶群体中采用单株育种法育成。1988年广东省农作物品种审定委员会认定英红九号为省级良种（图1-1）。英红九号为无性系品种，属乔木型大叶类早生种，植株高大直立，顶端优势强，树姿半开张，分枝尚密；叶片特大，茸毛多（图1-2、图1-3），稍向上斜生，椭圆形，叶色淡绿，叶质厚软，叶面隆起，稍内折，叶缘波状，渐尖；芽叶黄绿色，花7瓣，花柱3裂，子房有茸毛（图1-3、图1-4）。芽叶生育力和持嫩性强，年产量高，干茶产量可达230千克/亩（亩为废弃单位，1亩≈666.67米^2）（杨亚军 等，2014），广东英德茶区每年3月开采，可采摘期长。英红九号抗寒性较弱，适合于广东、广西、海南等亚热带、热带地区种植。

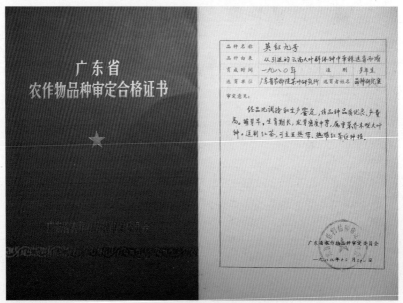

图1-1　英红九号品种审定合格证书

图1-2　英红九号叶片的不同部位

（左：芽，中：芽下一叶，右：芽下二叶）

图1-3　英红九号叶片不同部位的茸毛情况

图1-4 英红九号芽叶（上）、果实（左）、花（右）

英红九号适制红茶、绿茶、白茶，其制成的红茶品质优良。制英红九号条形红茶（一芽二叶、一芽三叶原料），色泽乌褐油润显金毫，甜香高长持久，汤色红艳透亮，滋味浓醇甜滑；制金毫茶等高档红茶（单芽或一芽一叶原料），外形金毫满披，香气清幽，滋味鲜醇细腻；制红碎茶，外形颗粒紧结，汤色红亮，滋味浓强醇厚，香气鲜活（图1-5）。英红九号内含物丰富，春茶一芽二叶蒸青样含茶多酚21.3%、氨基酸3.2%、咖啡碱3.6%、水浸出物55.2%（杨亚军 等，2014；李家贤 等，1999）。

（上：单芽，左下：一芽一叶，右下：一芽二叶）

图1-5　不同英红九号茶青原料加工成红茶

据统计，至2020年英德全市茶园面积达9 400公顷，英红九号种植面积占70%以上，全年干毛茶产量为1.21万吨，茶叶总产值为43亿元，综合产值达50.54亿元。茶叶企业588家，其中清远市级重点农业龙头企业21家，省级重点农业龙头企业12家，新型经营主体茶叶专业合作社134家，获得出口食品备案证明企业7家、生态原产地产品保护标志企业3家，家庭农场超80家，茶产业从业人员超过14万人。目前，英红九号已经在广东清远、湛江、潮州及梅州茶区乃至湖南、云南等省规模种植。

第二部分
新茶园建设

一、选址与规划

新茶园建设应选择生态适宜区，周围生态植被覆盖率较高，与工业区、高速道路、城镇等有一定距离，还应设置适当的隔离带（图2-1）。茶园坡度一般不超过25度，如遇茶园内过陡（坡度大于30度）的地块，不建议开垦种茶，可配合生态位配置，种植其他观赏性植物，或配合整个茶园造景。

图2-1 新茶园建设规划

选址应光热充足，气候适宜，年平均温度为18～26℃（极端最低温0℃以下容易受冻害）；土壤疏松，土层深厚，有机质丰富，pH 4.5～6.5；且灌溉水源有保障。土壤、空气及灌溉用水须符合质量安全标准，参照广东生态茶园建设规范（T/GZBC 5—2018）对茶园土壤、空气和灌溉用水等指标的限定值。

根据茶园地形，兼顾功能性和美观性，进行道路系统、排水灌溉系统的规划和功能区划分。道路包括主干道、支道、田间工作道及环园道，配合排水灌溉系统，应设置截洪沟、横水沟和纵水沟等。管道的铺设与道路规划、茶行设置也应相辅相成。

1. 道路规划

主干道也是茶园主路，是茶园的主要交通要道，对外连接公路，对内连接各生产片区，主干道宽设置为6～8米（图2-2）。支道连接主干道，是园内的主要运输通道，路面宽4～6米，可作为茶园片区的划分。田间工作道连接支道，并通向茶园地块，路宽1.5～2米，紧密配合茶行长度，50～80米设置1条。环园道设在茶园边缘，隔离农田或山林，具有防止水土流失、园外植物入侵等作用，也是与园外的分界线。

图2-2 茶园主干道设置

2. 排水灌溉系统

排水灌溉系统应结合道路网的规划进行设置，主要有渠道、主沟、支沟、隔离沟和沉沙涵。目前茶园以喷灌、滴灌方式供水，主管沿路设置，可深埋于沟渠下或旁边，支管沿茶行设置，田间作业时应注意深入茶行的供水管，以防被破坏。渠道沿茶园主干道、支道设置，主要起排水作用，防止雨季洪水冲刷道路或茶园，喷灌或滴灌的主管和支管也沿茶园主干道、支道设置。梯级茶园在梯面内侧、横向道路内侧设置横水沟，深20～30厘米，宽40厘米。茶园与四周荒山陡坡、林地和农田交界处应设置隔离沟，深50～80厘米，宽40～60厘米。

3. 茶行设置

缓坡或梯级茶园沿等高线设置茶行，长40～60米，结合支道，每片区域以5亩为宜。行距参考种植规格相关内容（见第三部分"茶树种植技术"）。

4. 功能分区

根据茶园适宜性和美观性的原则，进行功能区划分，划出生产区、绿化区、隔离区、防护区等。根据茶园规模还可设置配套工具房、休息用房、鲜叶摊放点等功能区域。

二、茶园开垦与基肥

茶园规划完成后，即可根据规划内容、图纸进行园地开垦。目前主要使用挖掘机进行地面清理、基肥配置和深耕翻土等工作（图2-3）。茶园开垦要注意水土保持，并根据不同坡度和地形，选择适宜的开垦时间、方法和施工技术。

园地开垦须先进行地面清理，处理园内的杂草、树木、乱石等。杂草须挖除柴根和多年生草根，如茅草、竹鞭、香附子、狼萁草等。保留道路或沟渠边的原有树木，并适当保留园地内较粗、具有观赏性的树木；桉树林、竹林改种茶树的园地，应将树根挖除干净。较小的乱石可以填埋于低处，较大或不好填埋的应清出园地。平地及缓坡地如不甚平整，局部有高墩或低坑，应进行拉平、削墩或填坑处理（骆耀平，2008）。此外，地面清理后还要准备好一定量的基肥，并于开挖种植沟时施下。

图2-3　园地开垦清理与基肥配置

平地或缓坡地（坡度5～15度）茶园沿等高线全面深耕开垦，坡度15度以上的陡坡地须修筑水平内倾等高梯层，外埂内沟，要求梯梯相连、沟沟相通，原则上每梯级高1～1.5米，宽度依挖掘机的作业宽度定，也要兼顾茶园机械化。一般需经历初垦和复垦，初垦一年四季均可进行，深度要求为50厘米以上。土块不必打碎，以利蓄水，但应破除土壤障碍层，如硬隔层、网纹层或犁底层等。复垦在茶苗种植前进行，结合开挖种植沟，深30～40厘米，打碎土块。一般按规划好的茶行进行。园区用挖掘机进行开垦，地面清理和初垦一起进行，复垦结合开挖种植沟进行（图2-4、图2-5）。熟地开垦应注意土壤残毒对茶苗种植的影响。（张冬燕 等，2015；袁娅琼 等，2004；宋湧，2014）

结合茶园开垦，按茶行设置走向开种植沟，沟深60厘米、宽50厘米，施足基肥后覆土（图2-4、图2-5），1个月后再进行茶苗种植。茶苗种植在沟上或两侧。基肥要求以熟化的农家肥、土杂肥或商品有机肥为主，再补充一定数量的复合肥。广东省农业科学院茶叶研究所英德基地的基肥使用量为每亩埋施杂草和绿肥2 000千克、腐熟有机肥1 000千克、饼肥150千克和复合肥50千克（图2-6）。

图2-4 人工开挖种植沟与施基肥

图2-5　机械开挖种植沟与施基肥

图2-6　种植沟添加杂草等有机物料

三、茶园生态建设规划

随着对农业生物多样性保护重要性认识的加深，以及单一物种保护向生态环境多样性保护观点的转变，如何通过合理规划农业景观结构，实现农业景观生物多样性保护已成为亟待解决的重要问题。一方面，有效进行农业生态建设不仅能增加生物群落多样性，而且能保持生物群落的和谐和生态系统的健康，实现稳定和持久的系统功能。另一方面，茶树是多年生常绿灌木作物，容易构成较为稳定的生态系统，如果对茶园周边生态环境进行合理建设与维护，建设生态茶园，则有利于对茶园天敌——害虫的生态控制，对实现茶叶持续稳定发展具有重要理论意义和实践价值。

生态茶园是运用生态学原理，以茶树为核心，因地制宜配置生物种类，综合利用光、热、水、土、气等生态条件进行茶叶生产，并采用生态调控等绿色防控技术进行病虫害防治，营造优美环境，茶叶安全优质，生态产品综合供给能力强的茶园（图2-7、图2-8）。以茶园生物多样性保护为中心，建设生态茶园，发挥天敌自然调控作用，应遵循以下四方面原则。

（1）减量化。尽量减少茶园系统外部购买性资源的投入量，实现源头输入技术的科学减量化。

（2）再循环。在茶园系统中，要对光、热、水等可更新资源，尽量进行周年循环化高效能的利用。

（3）再利用。对于茶园生产过程中残留剩余的秸秆、修剪枝等中间资源，要尽量多级化再利用。

（4）可控制化。对于茶园种植、加工生产系统向茶园系统外部排放的有害、有毒的各种物质要实现技术的可控制化，减少污染物排放。

图2-7　英红九号生态茶园（坡地）

图2-8　英红九号生态茶园（平地）

四、茶园生态位配置

生态位概念源于生态学，是指生物完成自身正常生活周期时表现出的对特定生态因子的综合适应位置，某种生物占据的生态位越宽，其生存空间越大，适应能力越强，生存概率也就越高（梁龙等，2020）。茶园除茶树外，应至少配置3种植物类型，每种植物面积应不小于茶园面积的2%，植物种类宜选择适生的本地物种。在垂直结构上应规划2个以上物种的生态位，形成"乔（木）—灌（木）—动物昆虫—草—土壤动物"等不同层次结构。水平结构应根据地形地貌和功能分区合理布置生产茶园、缓冲带、防护林、遮阴树、行道树等。不同类群可重叠交叉。在人工引入茶园的有益生物时，应注意防止引入通过基因工程技术获得的物种。可将经济林木、水果、观赏性动植物、功能性动植物等交互搭配，使功能性与美观性协调组合，主次分明。此外，在茶园生态位配置中还应考虑对园林树木文化内涵的应用，提升茶园的美学观赏价值。其文化内涵与功能作用主要表现在以下四个方面（黎健龙 等，2008）。

（1）美化茶园环境，发挥茶与园林的美学价值，满足人们的精神享受。园林树木具有观赏价值和美学价值，每个树种都有独特的形态、色彩及芳香气味，且能随季节变换和树龄增长变化。广东省农业科学院茶叶研究所英德基地茶园种植有紫玉兰（图2-9）、凤凰木、风铃木及红花荷等花期不同的树木，由此形成的季节花色，充分发挥了茶与园林的美学价值，给在此工作和生活的人们带来视觉享受，并使其身心愉悦。

（2）园林树木意境美，有利于增添旅游文化色彩。园林树木的联想内涵非常丰富，与中国传统文化结合，抽象而富有情感。园林树木有品种独特之美，如竹子代表刚直，含笑代表深情，红豆代表相思；看到枫树，人们会联想起"霜叶红于二月花"。还有品种

图2-9　紫玉兰在英红九号茶园中的应用

搭配之美，如枫树和桑树搭配。

（3）陶冶情操，有利于加速生态茶旅发展。园林绿地是现代社会活动的重要场所，各类园林树木为人们的社会活动提供了不同类型的开放空间。配合茶园空地造景，如小桥流水边种植桃花，让人顿感桃花源中人，不知有汉，无论魏晋的清闲无忧之心境。如此既能陶冶情操，又能吸引人群，促进生态茶旅的发展。

（4）具有科教功能，有利于提高生态茶旅的价值。优美的茶园环境可开展多种形式的科普教育活动。通过知识的传播和文化的宣传，人们在游憩过程中获得知识，增长见闻，提高文化素养。还可为相关专业学生提供植物识别、标本素材采集等教学场所，或成为茶叶生产技术培训、科普教育和示范基地，多方面提高生态茶旅的价值。

第三部分
茶树种植技术

一、种植规格

茶树种植主要有两种规格，单行种植和双行种植（图3-1）。单行以单株或双株种植，行距设置为130～150厘米，株距设置为35～40厘米。双行一般以单株、品字形种植，大行距设置为160～200厘米，列距（小行距）设置可与株距一致，为30～40厘米。

图3-1　茶行种植规格设置

二、茶苗移栽

英红九号育苗一般采用短穗扦插繁殖。茶苗移栽应当天起苗当天栽植，起苗前应淋透苗圃土壤，保证茶苗根系完整，尽量带土栽植，宜在秋季或翌年春季进行。晴天起苗应对移栽的茶苗进行遮阴、淋水处理，防止茶苗失水。如果不能当天栽植，可先进行假植，将苗集中于土沟中，根系淋水覆土。茶苗规格要求最好选用1.5～2年生的扦插苗，茶高40～60厘米，茎粗达到0.5厘米，大小苗分区域种植。

为保证茶行笔直美观，必要时可以拉线种植（图3-2）。种时根系蘸黄泥浆，挖的坑深10～15厘米，稍大于茶苗根系，将根舒展，覆土压实压紧（图3-3），浇透水定根，铺草（图3-4）等，且保证淋水后茶苗不倾斜、不歪株。为保证成活率，覆土不能超过根际5厘米。

图3-2 茶苗拉线开沟与排列

图3-3 茶苗回剪与培土压实

图3-4 茶苗淋水与铺草

三、嫁接换种

嫁接方法主要有劈接、切接和皮接。成龄英红九号茶树主要采用中位嫁接（图3-5），以劈接和皮接为主。劈接指的是在砧木离地面15～20厘米处锯断，每株留1～3个嫁接小桩，在砧木桩横断面中间劈开3厘米深接口。将接穗剪成长约2厘米、双面削平滑，叶片长约1厘米，接穗形成层对准砧木劈口形成层，靠边插入劈口，着叶的一侧朝外，一个劈口可插入两个接穗。然后套上塑料袋，用绳子扎于砧木桩上。接穗应选用当年木质化或半木质化枝条，芽体饱满，每个芽眼上的叶保留1/4，接穗枝每节长1.5～2.5厘米。嫁接时间以11月中旬至12月下旬为宜，其他时间也可进行，嫁接后应注意遮阴、保湿。搭高50～70厘米的遮阴架，架顶铺盖茶树枝叶或遮阴网。保持架下湿度为80%～90%，遮阴率为80%。嫁接2周后，检查接穗的成活情况，对未成活的接穗及时进行补接；待接穗长出一芽二叶后，松绑解袋，撤掉遮阴网，并及时除去砧木萌蘖和防治病虫害（吴利荣 等，2009）。在11月中下旬至12月下旬进行大面积茶树嫁接较好，有利于茶树嫁接成活，又便于劳力安排；在10月上旬留穗，可减少茶叶产量损失。此外，还可以采用幼砧嫁接新技术（图3-6）。夏季幼砧嫁接苗可在翌年9—10月出圃，比普通的茶树育苗提早3～5个月，缩短了育苗时间和提高了苗圃利用率；嫁接技术简单、易掌握，可在室内操作，速度快，成活率高。

嫁接英红九号时应考虑其与砧木的亲和力，即砧木和接穗的组织结构在生理和遗传上相同或相近，能够结合在一起的能力。选用生命力强、高产的无性系或抗逆性强的群体茶树作砧木，有利于获得抗逆性强且品质优的组合茶树（图3-7）。研究显示，砧木品种和树龄都会影响嫁接成活率，以秀红、五岭红、八仙茶、黄枝香，以及树龄短的金观音、黄观音等茶树作砧木嫁接英红九号，成活率可达93%~99%，而以树龄50年以上的茶树作砧木时，成活率只有43%~54%（黎健龙 等，2007）。

不同砧木选择成活率调查结果见表3-1，嫁接英红九号接穗成活率调查结果见表3-2。

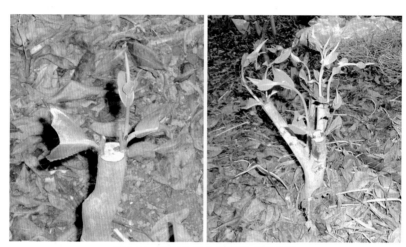

图3-5 英红九号中位嫁接成活情况

图3-6 英红九号幼砧嫁接成活情况

图3-7　英红九号嫁接示范

表3-1　不同砧木选择成活率调查结果（黎健龙 等，2007）

砧木品种	嫁接株数/株	成苗株数/株	成活率/%
八仙茶	171	151	88.3
黄金桂	120	98	81.7
金萱	115	103	89.6
福建水仙	299	90	30.1
秀红	136	122	89.7
五岭红	150	142	94.7

表3-2　嫁接英红九号接穗成活率调查结果（吴利荣 等，2007）

嫁接年份	砧木品种	总株数/株	缺株数/株	成活率/%	总穗数/株	株穗比	亩株数/株	亩穗数/株	调查时间
2005	八仙茶	2 342	162	93.1	8 519	3.64	651	2 366	2006年12月6日
2005	黄叶水仙	9 236	2 719	70.6	15 875	1.72	2 128	3 658	
2006	秀红	2 525	29	98.9	8 907	3.53	1 107	3 907	2007年12月18日
2006	五岭红	3 419	48	98.6	12 058	3.53	1 341	4 729	
2006	八仙茶	1 730	16	99.1	7 789	4.50	856	3 856	
2006	福建水仙	9 160	1 630	82.2	17 967	1.96	1 970	3 864	
2007	祁门种	2 518	731	71.0	4 102	1.62	839	1 367	2008年12月29日
2007	黄观音	2 975	1 366	54.1	3 095	1.04	954	992	
2007	白毛二号	16 832	1 723	89.8	46 721	2.78	1 464	4 063	
2007	英红六号	1 680	176	89.5	5 048	3.00	1 476	4 436	
2007	白叶单丛	4 522	822	81.8	9 102	2.01	1 890	3 641	
2007	凤凰水仙	1 867	760	59.3	2 243	1.20	951	1 142	
2007	黄枝香	11 063	614	94.5	22 379	2.02	2 119	4 287	
2008	金观音	15 330	491	96.8	66 949	4.37	1 333	4 287	2009年4月8日
2008	黄观音	11 201	359	96.8	58 164	5.19	1 376	7 145	
2008	黑叶水仙	7 815	602	92.3	24 633	3.15	578	1 822	
2008	凤凰水仙	1 420	802	43.5	1 688	1.19	710	844	
2008	福建水仙	870	468	46.2	1 133	1.30	580	755	

　　嫁接换种每亩成本比常规改植节约985元（表3-3）。表3-3所示的物资和人工费用均为2009年的物价。常规改植茶园三龄试采每亩干茶产量为30～50千克，四龄干茶产量为80～100千克，嫁接换种茶园三龄、四龄干茶产量在160千克以上；有部分二龄嫁接换种茶园干茶产量为127～238千克（以春茶折合年产量，以英红九号干

茶每千克纯利50元计），也超过了常规改植茶园四龄的干茶产量，产值增加42.1%～165.6%，经济效益显著提高。嫁接换种茶园加工的红茶外形显毫较多，汤色红艳，滋味鲜浓，香气高爽，叶底红亮，品质优良。

表3-3 嫁接换种经济效益（吴利荣 等，2009）

项目	常规改植			项目	嫁接换种		
	亩用工用料	单价/元	金额/元		亩用工用料	单价/元	金额/元
砍除老树	12个	40	480	竹子用材	22条	2.5	55
挖种植沟	22个	40	880	袋子用料	4 000个	0.15	600
茶苗移植	12个	40	480	嫁接用工	45人	40	1 800
幼苗管理	20个	40	800	茶园管理	15个	40	600
茶苗费用	3 000株	0.6	1 800	接穗费用	40千克	10	400
施有机肥	3 000千克	0.2	600	施有机肥	3 000千克	0.2	600
施肥开沟	220米	0.9	198	施肥开沟	220米	0.9	198
合计	—	—	5 238	合计	—	—	4 253
效果	约4年后成园			效果	1年后达到3年生茶树生长水平		

四、扦插育苗

扦插育苗以枝条为繁殖材料，采用扦插法繁育（图3-8）。插穗应选择半木质化或木质化的枝条，长3～4厘米，具有一个饱满的腋芽和一片健壮的叶片；剪口必须平滑无爆裂，剪口射向与叶向相同，腋芽和叶片完整无损，叶片上面留桩长度控制在0.3～0.4厘米。扦插时间为9月至翌年1月。扦插规格，行距10～12厘米，株距均为3～4厘米，以叶片不重复为宜，每亩插8万～10万株。扦插前，先将苗床充分喷湿，待稍干而不沾手后，将插穗直插或斜45℃插入土中，露出叶片，边插边将土壤稍加压实，插后立即淋水、遮阴。

图3-8　英红九号扦插育苗

第四部分
树冠培养技术

一、定型修剪

定型修剪主要针对新种茶树和老茶树改造后的树冠重塑。英红九号茶树采用"分段修剪"方式（即分批、分次、分段、轮回修剪的办法），在茶树种植后的2年内完成定型。第一次在茶苗出圃前或定植时，对茎粗达0.4厘米的茶苗，在其主枝离地面12~20厘米处剪去主枝，侧枝不剪；第二次定型修剪可在上次修剪口上提高8~12厘米，要注意保留侧枝，使其向外伸展。分段修剪实行2年后，一般树上有4~5层分枝，蓬面初现成型，第3年按轻修剪平剪蓬面即可。定型修剪应在每轮茶萌发前进行。枝条达标后，及时修剪，避免徒长；夏季修剪应避免暑热天气，修剪前后做好水肥管理和病虫害防治。

二、轻修剪与深修剪

1. 轻修剪

为保持蓬面平整，控制树冠高度，防止蓬面不平、树冠过高等现象，投产茶园均需要进行轻修剪，采用平形修剪方式，频率为每年1次（图4-1）。英红九号茶树轻修剪一般在冬季封园时进行，即12月至翌年1月。修剪期间如果出现霜冻，可延缓至立春后再剪。考虑春茶的经济效益，也可以在采完第一轮春茶后进行，即4月中下旬。轻修剪深度为5~10厘米，一般采用绿篱机或专业茶树修剪机修剪，修剪时要保证蓬面平整，并整理侧枝。轻修剪还具有复壮树冠，提高芽叶品质的作用。

轻修剪时应关注天气变化，避开低温、霜期天气进行修剪。如遇霜冻，可在当日清晨5点至6点打开喷灌进行喷水直至气温上升。冻伤的枝条应在气温回暖后及时剪掉，使其重新生长新枝。如不剪掉，受冻害的枝条干枯后会引起病害，严重时能深入根部，造成根部死亡。

图4-1 英红九号轻修剪

2. 深修剪

当茶树树冠采摘层衰退，鸡爪枝多，叶层变薄，新梢育芽能力减弱，萌发的芽叶瘦小，对夹叶多时，需要通过深修剪改造树冠、恢复树势和保持高产优质（图4-2）。深修剪的深度以低于上年剪口10～15厘米为宜。可以安排在第一轮春茶采摘结束后进行，即4月中下旬至5月上旬。深修剪不宜每年进行。

图4-2 英红九号深修剪

三、重修剪和台刈

1. 重修剪

重修剪主要针对未老先衰但主枝和一、二级分枝尚健壮，具有一定的分枝能力的茶树。其修剪深度为树冠的三分之一至二分之一，在离地面30～45厘米处用修剪机械剪除树冠（图4-3）。修剪时间以第一轮春茶采摘结束后为宜，即4月中下旬至5月上旬。重修剪还常用于修剪常年失管的茶树，通过重修剪，压低主干和树冠，方便后期管理和采摘。

图4-3　英红九号重修剪

2. 台刈

台刈是一种彻底改造树冠的技术手段，适用于老龄且衰老严重的茶树。台刈高度会影响今后树势和产量。英红九号属乔木型大叶种，一般在离地面10~20厘米处刈割所有枝干。可选用锋利的弯刀斜劈、手锯锯割或割灌机切割，要求切口平滑、倾斜且不撕裂茎干（图4-4）。台刈选择在采摘春茶前进行为宜。台刈后的树冠培育参照幼龄茶树的定型修剪。

图4-4　英红九号台刈

四、修剪后的培肥管理

茶树修剪后的伤口愈合和新梢抽发，有赖于体内贮存的营养物质，特别是根部贮存的养分。为使根系不断供应养分，就需要充足的水肥供应。

定型修剪主要应用于幼龄茶园，可结合幼龄期施肥管理进行修剪前后的水肥管理，按茶树生长规律，多次进行养分补充。轻修剪和深修剪的茶园，可在修剪前后开沟施肥，结合基肥进行修剪。若是春剪或夏剪，可在修剪后追肥一次，以促进新梢抽发。重修剪和台刈的茶园，最好是在修剪前进行深耕翻土和埋施基肥。为了便于操作，亦可在修剪后马上进行深耕翻土和埋施基肥。

五、采摘与留养

手采时忌用捋采和抓采，应用"提采"方法，减少对鲜叶的损伤。留叶标准是决定茶树持续增产的重要措施。成龄茶树应以采为主，以采养结合为原则；通过合理采摘，增强树势，以达到增产目的。春茶和夏茶留一片真叶，秋茶留鱼叶。若进行强采或不留叶采，会导致光合作用面积减少，芽叶越来越小，产量不断下降，严重影响茶树生长势力（图4-5）。

图4-5　春茶和夏茶不留真叶采摘对茶树的影响

第五部分
土壤管理技术

一、茶园耕作与防草管理

1. 茶园耕作

茶园合理耕作可疏松表土，协调土壤中水、肥、气、热等状况；翻埋肥料和有机质，熟化土壤，增厚耕作层，提高土壤保肥和供肥能力；还可以清除杂草，减少病虫害。茶园耕作分浅耕（浅锄）、中耕和深耕。浅耕深度一般为2～5厘米，主要是结合除草进行的农事操作，每年3～5次，分别在春茶后和夏茶中、后进行，特别是夏茶后期的浅耕，要在秋季杂草开花结籽前进行，以降低第二年杂草数量。中耕深度小于15厘米，于春茶前进行，可结合追肥（图5–1、图5–2）进行。深耕深度大于15厘米，可结合冬季施基肥进行，深度可达30～40厘米。成龄茶园在生产上可采用隔行深耕的方法，减轻对根系的伤害。只深耕不施有机肥会导致土壤中全氮和有机质含量下降，因此，深耕结合施肥才能有效保持土壤肥力。

图5–1 英红九号茶园中耕

图5–2 英红九号茶园中耕追肥

2. 防草管理

茶园防草方式有机械除草（图5–3）或人工除草、间作绿肥、行间覆盖（铺草或防草布）等。人工除草主要结合耕作进行，每年浅耕3～5次能起到很好的防草作用。浅耕可使用阔口锄、刮锄，能立刻除去杂草的地上部分，在短期内抑制杂草生长；浅耕使用板锄、齿耙，既能起到松土的作用，又能把杂草翻压入土，这种除草方式在旱季的效果比雨季好。对于攀缠在茶树上的藤类杂草需要辅助人工拔草。

图5-3　英红九号机械除草

间作绿肥适用于幼龄茶园、重修剪或台刈后的茶园，或行距较大的成龄茶园，主要间作于茶行中间或茶园空地。可选用的绿肥较多，如鼠茅草（图5-4）、大豆、金钱草，以及蜜源植物（万寿菊、波斯菊）（图5-5）等。间作绿肥既能与杂草争夺空间，减少杂草生长，在生长旺盛期刈割填埋或覆盖于茶行，又能增加茶园有机肥来源。此外，茶园合理密植，成龄茶树封行后，行间很少会滋生杂草，无须特别防草。

行间覆盖（铺草或防草布），可有效阻挡光照，被覆盖的地方由于缺乏阳光从而使杂草滋生减少，铺草或防草布还能起到保温保湿的作用，对改善土壤的水、热、气等状况有积极作用（图

5-6）。行间覆盖时人工成本和相关费用较高，但整年下来能减少人工成本，效果好，实用性强，适合推广。

图5-4　英红九号间作鼠茅草

图5-5　英红九号间作蜜源植物（万寿菊与波斯菊）

图5-6　英红九号覆盖防草布

二、水分管理

茶树是喜温暖湿润气候的耐阴植物,对水分要求很高。广东英德地区每年10月至翌年2月为旱季,期间温光资源丰富,昼夜温差大,这个时期非常适宜生产优质高香的英红九号红茶。但是由于干旱,新梢往往生长困难,导致茶叶产量和质量下降。茶园通过水分管理,掌握灌溉技术,以增加秋冬茶的产量和提高品质。茶树新梢水分生理情况、土壤水分情况,以及气候状况可以作为确定茶园需要灌溉的指标。在高温或干旱季节,在茶园日平均气温高于30℃,并持续1周未下雨的情况下,应及时安排灌溉。

目前大多数茶园采用喷灌(图5-7)和滴灌方式。幼龄茶园、成龄茶园需水量不同,喷灌的间隔天数和时长也有所不同。名优茶园采用微喷和滴灌方式给水可快速提高茶树根系周围的土壤含水量，促进茶树芽叶生长，增加茶叶产量，增产率达 24.36%～32.06%；且灌溉过程中土壤水分散失少，利用率高，比传统灌溉方式可节水30%以上。每次滴灌4小时，每隔4～5天（或雨后4～5天）1次（唐劲驰 等，2007）。新种茶园，隔天1次，在清晨或傍晚进行。还可使用水肥一体化设备及时补充水肥。低洼茶园应在茶园四周开深沟，沟为80厘米宽，1米深，进行排湿排水。土壤黏性太重，排水不彻底的茶园，可通过客土并增施有机肥进行土壤结构改良。

图5-7　英红九号茶园喷灌

名优茶园滴灌示范试验的土壤水分含量调查结果见表5-1，黄金桂和英红九号的茶园滴灌区每次滴灌4小时，滴灌后1天、3天、5天和8天的表土层土壤含水量显著提高。名优茶园滴灌示范试验的茶树主要生长性状及产量调查结果见表5-2，滴灌区的茶树生长势较强，与常规管理区相比，芽叶长度、百芽重、茶芽密度、株高、冠幅均有所增加，且均达极显著差异水平。据观察，在高温干旱季节期间，英红九号常规管理区有部分茶树出现茶芽失水低垂、叶片灼焦和叶片脱落等现象，而滴灌区的茶树则芽叶茂盛、生机勃勃。据统计，英红九号茶园滴灌区的茶叶增产35%，增产效果极显著。

表5-1　名优茶园滴灌示范试验的土壤水分含量调查结果（唐劲驰 等，2007）

品种	处理	灌溉前/%	灌溉后1天/%	灌溉后3天/%	灌溉后5天/%	灌溉后8天/%
黄金桂	滴灌	19.13	26.29	21.86	19.81	17.87
	常规管理（CK）	15.73	15.14	14.31	14.02	13.61
英红九号	滴灌	18.65	25.58	21.39	18.06	16.55
	常规管理（CK）	15.42	15.07	14.30	13.92	13.53

表5-2　名优茶园滴灌示范试验的茶树主要生长性状及产量调查结果（唐劲驰 等，2007）

品种	处理	芽叶长度/厘米	百芽重/克	茶芽密度/个	株高/厘米	冠幅/厘米^2	茶叶产量/（千克·亩$^{-1}$）
黄金桂	滴灌	8.30（0.23）	82.97（1.99）	45.3（1.5）	65.0（1.5）	2 468（87）	339（17）
	常规管理（CK）	7.63（0.09）	71.17（3.32）	39.0（0.6）	55.7（2.3）	2 026（105）	252（14）
英红九号	滴灌	9.13（0.24）	83.70（2.17）	41.3（1.5）	71.0（1.2）	2 652（30）	328（14）
	常规管理（CK）	7.80（0.29）	70.63（1.40）	35.3（0.9）	62.0（1.0）	2 134（86）	243（4）
F值	品种间	4.95	0	11.02*	15.04**	3.16	0.53
	处理间	19.78**	28.52**	28.52**	33.24**	34.33**	41.99**

注：1.茶芽密度为1 000厘米^{2}的调查结果。

　　2.表中数据为4次重复的平均值，括号内的数据为标准差。

　　3.*表示显著性差异；**表示极显著性差异。

三、施肥管理

茶树在生长发育过程中，树体吸收营养物质达40余种，这些营养物质主要从大气、水和土壤中来。其中大量元素主要有氮、磷、钾、硫、镁、钙，微量元素主要有铁、锰、锌、硼、铜、钼等。氮、磷、钾三元素被称为茶树生长的"三要素"，所需含量高、作用大，土壤供应量常常不足。铝和氟在茶树体内含量较高，但不是茶树生长的必需元素；含氯肥料不能过量施用，硫酸钾和氯化钾在成龄采摘茶园中的效果基本相同，但氯化钾最高用量不能超过20千克/亩，且不能在幼龄茶树上施用。缺镁会降低叶片叶绿素含量，使茶树出现典型的黄化症状，表现为基部叶片失去光泽（图5-8）。

图5-8 英红九号缺镁症状

实施茶园平衡施肥，避免茶园缺肥和过量施肥（图5-9）。一般可根据土壤理化性质、茶树长势、预计产量、制茶类型和气候等条件，确定合理的肥料种类、数量和施肥时间。茶园宜多施有机肥料，化学肥料应与有机肥料配合使用；宜施用茶树专用肥料，避免单纯使用化学肥料和矿物源肥料。建议成龄茶园的氮肥（N）用量为20～30千克/亩，磷肥（P_2O_5）用量为4.5～6.5千克/亩，钾肥（K_2O）用量为10～13千克/亩，镁肥（MgO）用量为2～2.5千克/亩。

图5-9 英红九号平衡施肥示范区

施肥分为基肥和追肥。基肥占全年用量的30%～40%，以有机肥为主，适当配施复合肥，结合冬季深耕，开沟施肥，深度在20厘米以上（图5-10、图5-11）。每亩施饼肥或商品有机肥200～400千克或农家肥1 000～2 000千克，并根据土壤条件，配合施用磷肥、钾肥、镁肥和其他所需营养。农家肥等有机肥施用前应经过无害化处理，允许污染物质含量应符合表5-3规定。

表5-3 有机肥污染物质允许含量

项目	浓度限值/（毫克·千克$^{-1}$）
砷	≤30
汞	≤5
镉	≤3
铬	≤70

续表

项目	浓度限值/（毫克·千克$^{-1}$）
铅	≤60
铜	≤400
六六六	≤0.2
滴滴涕	≤0.2

图5-10　英红九号冬季茶园开沟

图5-11　英红九号冬季茶园施基肥

追肥分成催芽肥、夏茶追肥和秋茶追肥，可结合茶树生育规律分多次进行，以化学肥料为主。催芽肥，在春茶开采前30～40天开沟施入，沟深10厘米左右，占全年用量的30%～40%。夏茶追肥，一般在5月中下旬进行，占全年用量的20%。秋茶追肥，一般在8月中下旬进行，占全年用量的20%。

茶园施用不同比例的氮、磷、钾肥对茶树生长性状、茶叶产量及茶叶品质都有很大的影响。英红九号幼龄茶园以每年施纯氮10千克/亩、磷肥（P_2O_5）10千克/亩、钾肥（K_2O）5千克/亩效果最好，不仅茶叶产量、品质得到提高和改善，同时增强树势，为成龄茶园丰产打下基础。磷肥、钾肥对提高英红九号红茶品质有较大的作用，能提高红茶的香气和滋味，单施氮肥的英红九号红茶品质较差。（唐劲驰 等，2011）

花生麸由于含氮量高、易取得，成为茶园常用的优质有机肥。花生麸有机质含量为75%～86%，含有氮（N）6.39%、磷（P）1.17%、钾（K）1.34%及铁、锌、锰各种微量元素。100千克花生麸的含氮量相当于13.9千克尿素，含磷量相当于6.5千克过磷酸钙，含钾量相当于3.2千克氯化钾（刘冬莲 等，2008）。有研究显示，花生麸的配施比例受土壤肥力的影响明显，在生产中应根据土壤肥力采取适宜的配比，以寻求土壤养分、茶叶生长和品质的最大改善。

茶园使用花生麸有两种常见方式，第一种是沤制水肥，将花生麸粉按1∶15比例放入水中，沤制2～12个月。时间越长，熟腐程度越高。使用时先将水肥用水稀释，比例约为1∶7。施后可再淋清水，避免浓度过高，烧伤茶树，作追肥使用。（张金福，2007）

第二种是加入堆肥一起沤制，将花生麸粉碎，加入堆肥中共同沤制2～3周。肥堆应做遮盖处理，避免发臭后招引苍蝇。可作基肥和追肥。在花生麸沤制过程中添加柑橘类水果可抑制恶臭产生。

四、土壤肥力培育与维护

建立高效、优质的可持续发展茶园，要求茶园土壤具有较高的肥力。茶园土壤深厚，应在1米以上，土体疏松，通透性好，持水保水能力强；有机质含量丰富，保肥能力强，土壤微生物数量多，有害重金属含量不超标或未检出。可以通过茶园间作、地面覆盖和茶园土壤改良等方式培育和维护土壤肥力。

土壤生物有机培肥技术（Fertilization Bio-organic Technology，FBO）是一项高效的改良和培育土壤肥力的培肥措施。生物有机培肥技术的主要原理是在土壤中施入有机物料和接种蚯蚓，利用蚯蚓的活动与消化作用，分解有机物质，改善土壤结构，在减少使用甚至不使用化肥的情况下，保持土壤养分的平衡供应，实现土壤自然培肥（唐颢 等，2011）。一般在茶园进入冬休期间实施，在茶行间开沟（宽25～35厘米、深20～30厘米），施入有机肥（1 500～2 000千克/亩）或有机物料（2 000千克/亩、稻草量为2 000千克/亩），接种蚯蚓（500条/亩，分多个点施放），覆土，将茶树修剪下来的健康枝条覆盖在上面。

生物有机培肥可显著提高茶园土壤肥力含量和生物活性，进而促进茶叶产量和品质的提升，且效果优于化肥。整体的养分投入量减少，却能全面提升产量和品质，土壤生态系统更加健康，生态功能更加完善。所制得的干茶综合品质较优，但茶叶中氨基酸含量低于使用化肥的茶叶，可能是在较佳的土壤生态条件下，茶叶中的几种呈味物质含量达到一种相互协调和拮抗的较佳比例，减少了苦涩味，增加了鲜浓醇厚的程度（周波 等，2017）。

经过不同处理的金萱绿茶品质成分物质的含量见表5-4。

表5-4　经过不同处理的金萱绿茶品质成分物质的含量

处理	茶多酚/%	氨基酸/%	可溶性糖/%	咖啡碱/%	酚氨比
100%FBO（蚯蚓＋有机肥）	23.14 ± 1.01	2.89 ± 0.08b	2.92 ± 0.18	3.32 ± 0.07c	8.0 ± 0.40a
50%FBO（蚯蚓＋有机肥）＋50%化肥	23.87 ± 0.80	3.09 ± 0.15b	2.80 ± 0.23	3.49 ± 0.21b	7.76 ± 0.60a
常规管理（CK）	23.81 ± 0.99	3.39 ± 0.18a	2.75 ± 0.08	3.83 ± 0.17a	7.05 ± 0.54b

注：表中同一指标后不同小写字母表示差异显著（$P<0.05$）。

五、茶园水肥一体化技术

水肥一体化技术是将灌溉和施肥融为一体的农业新技术，是提高水、肥利用率的有效技术手段。茶园水肥一体化技术系统包括枢纽系统和管道系统，枢纽系统由动力、水泵、水池（或水塔）、压力调节阀、智能施肥机、肥料混合罐及过滤器等组成（图5-12）；管道系统由干管（主管）、支管、毛管及滴头管等组成（苏火贵等，2015）。灌溉系统操作规程：将水溶性肥料加入施肥罐，加水配成肥料原液→启动总电源→打开总水阀→启动智能施肥机→设定灌溉和施肥程序→开始自动灌溉→灌溉自动结束→关闭总电源→关闭总水阀。应及时检查茶树灌溉情况，并做好记录。

注意事项：灌溉系统先运行15～30分钟，待茶园中内灌溉区所有滴头正常滴水后，再向输水管中加肥，加肥结束后，灌溉系统要继续运行30分钟至1小时，洗刷管道。

茶园水肥一体化具有节水、省肥、节省劳动力等作用且对茶叶品质具有增产提质的作用。但也存在前期投入大、操作技术要求高、管道检查调节困难和肥料选择具有局限性等问题。

图5-12 茶园水肥一体化枢纽系统

第六部分
病虫害绿色防控技术

在"科学植保、公共植保和绿色植保"的理念指导下，茶园应遵循"预防为主，综合治理"的方针，从整个茶园生态系统出发，综合运用生态调控、预测预报技术、生物防治、物理防治和科学用药技术措施，创造不利于病虫等有害生物滋生和有利于各类天敌繁衍的环境条件，恢复和保持茶园生态平衡和生物多样性，将有害生物的数量控制在允许的经济阈值以下。

一、生态调控

1. 茶园间作遮阴树

茶园遮阴树是南方茶园的一大特色。茶树与遮阴树空间高低位差距达十几米，甚至几十米，可以大大扩充茶园立体生态位，使茶园形成多层次的生态系统，可调节光照温度，增加大气温度，明显改变茶园生态环境和小气候，并能增加土壤有机质含量，减弱暴风雨、寒流侵袭及强光直射对茶树的影响，增加慢射光，对茶树生长和茶叶品质有利（图6-1、图6-2）。尤其对幼龄茶园，效果更为显著。同时这可为工人提供较为舒适的劳动环境，能提高劳动效率。研究表明：遮阴树种植几年后，茶园夏季土温可降低7～8℃，相对湿度提高14%～19%；土壤有机质含量增加1%～2%，全氮含量增加0.1%。

遮阴树一般选择根系分布较深，树冠宽大，叶片稀疏，病虫害少的树种，如台湾相思、蓝花楹、大叶合欢、凤凰木、黄檀等树种。可与茶树同期移植，若遮阴树树冠过大、遮阴过密，要适当疏枝，并注意病虫的防治。栽植方式以不妨碍茶园机械运作为原则，不宜栽种在茶行中间，可结合茶园水沟、道路设置而种植。

茶园的遮阴度应控制在35%～45%，若茶园遮阴度大于70%，会造成茶叶减产并影响茶树生长。当遮阴度大于50%时，应对间作树采取疏枝或疏叶等措施，控制树枝生长（严志方，1985）。广东省农业科学院茶叶研究所英德茶园自20世纪50年代至今，选用台湾相

图6-1 英红九号间作楹树模式

图6-2 英红九号间作山苍子模式

思为茶园遮阴，种植行距为16.5米，株距为8~10米。适宜茶园间作种植的树木品种见表6-1。

表6-1   适宜茶园间作种植的树木品种

类别	名称
遮阴树	楹树、山苍子、台湾相思、五角枫、乌桕、泡桐、小叶榄仁
防护林	松树、长芒杜英、白桂木、醉香含笑、刨花润楠、香樟、女贞
名贵经济林木	黄花梨、小叶紫檀、沉香、酸枝、楠木、竹柏、鸡翅、木荷

间作遮阴树的茶园节肢动物群落总数和个数均高于没有间作遮阴树的茶园，其天敌资源也较多，天敌涵养能力强（表6-2）。通过比较3种不同遮阴程度的茶园节肢动物物种发现，节肢动物群落的种数、个体数呈现出高遮阴＞中遮阴＞无遮阴的趋势，高遮阴茶园天敌与害虫各类群的种数、个体数及益害比值较高，节肢动物物种较丰富，茶园稳定性较好，能促进生态平衡。而遮阴度低或无遮阴的茶园，对天敌的涵养能力较弱（表6-3）（黎健龙 等，2010）。

表6-2   不同茶园节肢动物群落各类群的种数、个体数及益害比（黎健龙 等，2010）

节肢动物类群	间作遮阴树茶园				无遮阴茶园			
	种数	占比/%	个体数/头	占比/%	种数	占比%	个体数/头	占比%
植食性	19	48.72	4 695	70.63	20	51.28	3 563	70.17
捕食性非蜘蛛类	7	17.95	138	2.08	6	15.38	286	5.63
捕食性蜘蛛类	9	23.08	1 213	18.25	9	23.08	568	11.19
寄生类	4	10.26	601	9.04	4	10.26	661	13.02
合计	39	100.00	6 647	100.00	39	100.00	5 078	100.00
天敌种数：害虫种数	1：1.19				1：1.33			
天敌个体数：害虫个体数	1：3.48				1：4.17			
总物种数：总个体数	1：170.44				1：130.21			

表6-3　不同茶园天敌与害虫的种数、个体数及益害比（黎健龙 等，2010）

类群		高遮阴茶园（72%～82%）	中遮阴茶园（16%～25%）	无遮阴茶园
天敌	种类数/种	10	8	7
	个体数/头	374	199	133
害虫	种类数/种	10	11	11
	个体数/头	369	207	137
合计	种类数/种	21	18	18
	个体数/头	43	406	270
天敌种数：害虫种数		1：1	1：1.25	1：1.57
天敌个体数：害虫个体数		1：0.97	1：1.04	1：1.03
总物种数：总个体数		1：35.38	1：22.56	1：15.00

2. 茶园间作绿肥

一般在幼龄、重修剪或台刈等的茶园间作绿肥，成龄茶园可利用空坪隙地、专用绿肥基地种植。可选用的绿肥品种有华春1号大豆、华夏3号大豆、茶肥1号、饭豆、田菁等。夏季绿肥选择在春茶采摘后种植，冬季绿肥在施用基肥后种植；绿肥种植后可结合茶园耕作措施进行割青。割青标准以不影响茶树生长为前提，割青后在茶行间进行覆盖或翻埋。

研究表明，在幼龄茶园间种大豆（图6-3）等绿肥能有效改善茶园生态环境，茶园的气温和地温有所降低，湿度有所升高，水分蒸发减少，使茶园小气候得到优化。间种的大豆秸秆回田，能改良土壤养分状况，从而有效促进茶树生长，增加茶叶产量、增强幼龄茶园的树势、培养树冠，有利于成龄茶园丰产。茶豆间作还能有效减少虫害发生和抑制杂草生长（黎健龙 等，2008）。

图6-3 英红九号与大豆间作

3. 茶园铺草

茶园铺草成本低，经济效益大，除排水不良、土壤过湿的茶园外，可适用于各类茶园。很多试验表明，茶树行间铺草有利于土壤团粒结构的形成，可改善土壤物理状况，提高土壤有机质含量和营养成分，增强土壤肥力；改善茶园土壤条件，夏季降温，冬季保温；还能减少径流，防止水土流失；抑制杂草和病虫害，增加土壤微生物含量，促进茶树生长，提高茶叶品质和产量。

铺草时间宜在冬休期耕作施肥后进行，新茶园可在茶苗移栽后进行，要避免挨着茶苗主茎或压住枝叶。茶行间铺草覆盖厚度为15～20厘米，每亩用量为800～1 000千克。草料可选用山草、稻草、麦草、豆秸、蔗叶蔗渣、修剪下的枝叶、绿肥等，要求未受病虫危害、无污染。

对茶园进行间作加铺草覆盖，更有利于增加茶园节肢动物种群数量和土壤中蚯蚓种群数量，提高茶园物种多样性，还能抑制茶小绿叶蝉等害虫的发生数量（表6-4）。研究表明连续两年对茶行间进行间作绿肥和覆盖绿肥还能显著提高茶叶产量（黎健龙 等，2010）。

表6-4　不同间作覆盖的茶园节肢动物天敌与害虫比例

处理	天敌/害虫（总数）	捕食性蜘蛛/茶小绿叶蝉（个体数）
铺芦苇与间作山毛豆	0.500 0	5.894 7
铺甘蔗叶与间作山毛豆	0.416 7	7.381 0
间作山毛豆	0.555 6	2.596 5
间作花生	0.444 4	2.345 5
对照（茶树单作）	0.333 3	5.894 7

二、预测预报技术

预测预报技术能根据害虫的发生规律，通过害虫田间监测数据，结合当地的气象资料，应用数理统计分析等方法综合分析，对害虫发生趋势进行数字化预警，提前预测害虫的发生时间和发生量，通过提前预防，最大限度地降低害虫的危害和造成的经济损失。如广东省主要茶树病虫害监测预警信息系统（图6-4）可记录茶小绿叶蝉、灰茶尺蠖、茶毛虫、螨类等的发生情况。以茶小绿叶蝉为例，系统基于对叶蝉田间监测以及越冬后第一峰发生程度的预测，利用当年3月份虫口（亩虫量）、上年12月至当年2月份最低气温之和、当年2月份平均气温组成的三因子，组建了测报专家经验模型数据库。监测预警结果显示：茶小绿叶蝉第一峰发生趋势为重发生，近4年预测准确率达90%以上（表6-5）。

图6-4 广东省主要茶树病虫害监测预警系统

表6-5 茶小绿叶蝉第一峰发生趋势

年份	第1虫口高峰/（头·百叶$^{-1}$）	实际发生	预测发生程度概率值/%			预测结果
			轻	中	重	
2017	36.4	重	0	10	90	重
2018	25.6	重	1	16	83	重
2019	36.4	重	0	10	90	重
2020	97	重	0	10	90	重

三、生物防治

生物防治主要是利用生物或生物代谢产物控制病虫害的技术，主要包括以虫治虫，以菌治病虫，以植物治病虫，利用昆虫、微生物、植物的代谢产物，以及转基因技术等防治病虫害。

1. 保护和利用天敌防治

茶园害虫天敌资源种类繁多，主要有蜘蛛（图6-5）、寄生蜂、瓢虫、草蛉、捕食螨、猎蝽和寄生蝇等。据调查，我国茶园蜘蛛经初步统计达28科290种，并发现蜘蛛新种30余种。从各地区调查的情况来看，茶园蜘蛛是茶园捕食性天敌中种群数量最多的一个类群，其发生量约占捕食性天敌的65%以上，其中广东茶园蜘蛛的发生量占捕食性天敌的80%以上。据各地试验，各种蜘蛛捕食多种害虫的多种虫态。据调查，茶小绿叶蝉是茶园的重要害虫之一，茶园蜘蛛对茶小绿叶蝉的控制作用在60%以上。

图6-5　茶园天敌蜘蛛

研究表明，不同生态环境下的茶园蜘蛛功能群存在差异，生态环境管理较好的茶园，受到干扰较少，有利于蜘蛛个体聚集（表6-6）（黎健龙 等，2014）。

表6-6　不同类型茶园中的蜘蛛功能群比较（黎健龙 等，2014）

蜘蛛功能群	小乔木生态环境茶园		常规生产茶园	
	丰富度（多度）	占比例/%	丰富度（多度）	占比例/%
结大网型蜘蛛	5（27）	12.50（1.79）	1（18）	4.00（2.82）
结小网型蜘蛛	6（21）	15.00（1.39）	2（10）	8.00（1.56）
地面游猎型蜘蛛	10（665）	25.0（43.89）	8（225）	32.00（35.21）
茶树上游猎型蜘蛛	19（803）	47.5（53.00）	14（386）	56.00（60.41）
总计	40（1 515）	100（100）	25（639）	100（100）

圆果大赤螨（图6-6）具有较强的活动能力和捕食能力，主要捕食茶树害螨（茶橙瘿螨、茶叶瘿螨、咖啡小爪螨等）、蚜虫、蚧壳虫及茶小绿叶蝉等害虫。针对茶园害螨，可释放捕食螨，每隔5米茶行固定1袋，固定在茶树中层枝杈处，以晴天或多云天释放为宜。

图6-6　天敌圆果大赤螨

寄生蜂（图6-7）是鳞翅目、同翅目、鞘翅目等的主要寄主昆虫，赤眼蜂对茶小卷叶蛾的防治效果显著，茶翅蝽沟卵蜂（*Trissolcus halyomorphae*）可自然寄生于茶翅蝽卵中，自然寄生率为50%（仇兰芬，2010）；茶毛虫黑卵蜂寄生于茶毛虫卵中。

图6-7　天敌寄生蜂

　　红点唇瓢虫（图6-8）成虫和幼虫对长白蚧、椰圆蚧、日本蜡蚧也有较强的捕食能力。此外，胡蜂（图6-9）、寄生蝇（图6-10）、猎蝽（图6-11）、鸟类（图6-12）、蛙类（图6-13）、食蚜蝇、步甲及蜥蜴等其他食虫动物在茶树害虫的生物防治中也发挥重要作用。针对灰茶尺蠖和茶毛虫等幼虫，可释放黑盾胡蜂，用量为5～10亩/窝，放置位置高出茶棚40厘米。

图6-8　天敌红点唇瓢虫

图6-9　天敌胡蜂

图6-10 天敌寄生蝇

图6-11 天敌猎蝽

图6-12　天敌鸟类

图6-13　天敌蛙类

2. 植物源农药

植物源农药对昆虫的作用有引诱、忌避、毒杀或麻醉，干扰昆虫正常行为和生长发育；对病原菌的作用则是通过抑制孢子萌发、菌丝生长，抑制病原菌的合成与侵染。

目前用于茶树病虫害防治的植物源农药主要有茶皂素、鱼藤酮、苦参碱、烟碱、除虫菊素、印楝素等，主要防治鳞翅目幼虫、蚧类、叶蝉类害虫（周顺玉 等，2011；陈建明 等，2009）。试验结果表明：喷施植物农药茶皂素和除虫菊素均能降低茶小绿叶蝉虫口数量，防治效果较明显；此外，茶皂素还可有效防止茶蓟马的发生。

3. 微生物及其制剂

微生物及其制剂包括细菌性微生物（苏云金芽孢杆菌、日本金龟子芽孢杆菌、球形芽孢杆菌、缓病芽孢杆菌）、真菌性微生物（白僵菌、绿僵菌、木霉菌、拟青霉菌）和病毒（核型多角体病毒）。

苏云金芽孢杆菌制剂应用广泛，对鳞翅目害虫具有比较理想的防治效果。选用短稳杆菌或苏云金杆菌制剂防治灰茶尺蠖、茶毛虫等鳞翅目害虫；可在5—6月喷施病毒制剂，7—8月喷施短稳杆菌。枯草芽孢杆菌可以有效控制茶叶炭疽病菌。

白僵菌制剂可用于防治茶小绿叶蝉、灰茶尺蠖、茶毛虫、茶卷叶蛾等害虫，对瓢虫、食蚜蝇等天敌没有不良影响。在相对湿度较大的春秋季节可选用白僵菌制剂防治茶小绿叶蝉和茶角胸叶甲；选用撒施白僵菌菌土防治角胸叶甲越冬幼虫及蛹，可结合追肥浅耕进行（白僵菌施用量为1.5～2.5 千克/亩，浅耕深度为5～10 厘米）。此外，白僵菌也能防治灰茶尺蠖幼虫（图6-14）。

茶毛虫核型多角体病毒防治茶毛虫效果好、持效期长，且不伤害天敌、不污染环境。茶尺蠖核型多角体病毒、茶刺蛾核型多角体病毒等在防治茶尺蠖、茶刺蛾的应用上效果也比较好。此外，在日本，颗粒体病毒属已成功控制茶小卷蛾和茶长卷蛾两个最重要的茶叶害虫（郭灿 等，2014）。

图6-14　灰茶尺蠖幼虫感染白僵菌

4. 昆虫性信息素及昆虫生长调节剂

昆虫性信息素的使用开创了生物技术防治茶叶病虫害工作的新局面，与一般杀虫剂相比，其具有活性强、灵敏度高、专一性强、选择性高、不产生抗药性等特点，且价格低廉、操作简单、不污染环境、相关投入较低，特别适合在有机茶园推广使用。

目前，茶园中已经成功使用的昆虫性信息素主要有茶毛虫性信息素（图6-15、图6-16）、茶长卷叶蛾性信息素、茶细蛾性信息素、灰茶尺蠖性信息素、茶蚕性信息素。研究发现，利用性信息素诱捕茶小绿叶蝉成虫数量高出黄绿色黏虫板（彭萍 等，2007）。性信息素还可作为测报工具。害虫行为调控剂是茶树生防的新技术手段（江丽容 等，2010）。试验结果表明：茶毛虫行为性信息素，防治效果可以达到70%；不仅使当代茶毛虫的虫口密度下降，还可使后代茶毛虫的发生量显著降低；此外，配合使用的诱捕器黏虫板要及时更换，否则会失去性诱剂使用的高效性。

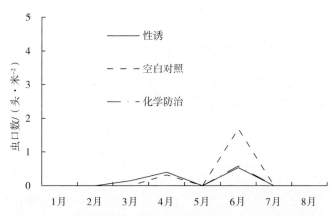

图6-15　应用性信息素诱杀技术茶园的茶毛虫幼虫发生情况

图6-16　茶毛虫性信息素防治效果

四、物理防治

在生态茶园建设中，物理防治是重要的防治手段，尤其在高级生态茶园或有机茶园的害虫防治上发挥着重要作用。目前在广东英德地区，推广应用最多的是天敌友好型杀虫灯和天敌友好型色板。

天敌友好型杀虫灯利用害虫的趋光性，在成虫发生始峰期开灯，主要诱杀灰茶尺蠖、茶毛虫等鳞翅目害虫的成虫，可有效降低下一代虫口数，也可用于防治灰茶尺蠖幼虫（图6-17）。天敌友好型色板利用害虫的趋色性，在春季成虫发生期，以25张/亩的密度，诱杀黑刺粉虱和茶角胸叶甲等害虫，效果也非常明显。

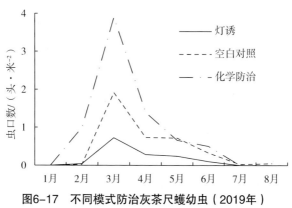

图6-17　不同模式防治灰茶尺蠖幼虫（2019年）

物理防治还有人工捕杀或使用吸虫器（机）等手段，在茶毛虫、茶蚕、蓑蛾类、茶丽纹象甲等害虫危害较明显的时候可通过人工捕杀减少危害，也可使用吸虫器（机）收集茶小绿叶蝉等小型害虫。

1. 天敌友好型杀虫灯的应用

天敌友好型杀虫灯是针对茶园主要害虫的LED诱灯光源，引诱精确度高于频振式电网型杀虫灯，且能够显著降低天敌昆虫的诱捕量，保护茶园生态平衡（图6-18）。LED发光材料高效节能，发射特定波长的光，这个光只吸引害虫，对天敌不大起作用；而频振灯属于汞灯类光源，寿命相对较短。试验结果表明：天敌友好型杀虫灯害虫的诱杀数量可以提高80%以上，而天敌的诱杀数量降低了40%以上。天敌友好型杀虫灯在茶园的安装密度为1盏/25亩。

图6-18　天敌友好型杀虫灯

2. 天敌友好型色板的应用

黏虫板是茶园中茶小绿叶蝉（图6-19）常见的监测和防治手段，天敌友好型色板改进了传统黏虫板基板的设计方案和制作技术，在诱杀茶小绿叶蝉的同时可以有效减少非目标害虫和天敌昆虫的诱杀量，并且可自然降解。与现有的传统黏虫板相比，天敌友好型色板对茶小绿叶蝉的诱杀量提高了22.01%，对天敌的诱杀量降低了30.07%。色板不要在茶小绿叶蝉发生高峰期的时候使用，要在发生高峰的前期放到茶园里，通过压低虫口基数来降低高峰期的虫口。此外，天敌友好型色板诱杀茶角胸叶甲成虫效果明显（图6-20）。

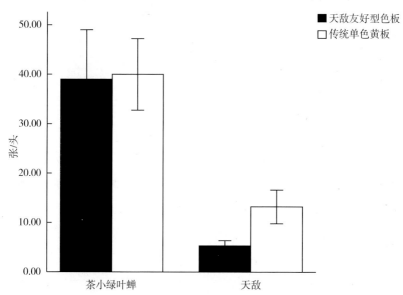

图6-19　不同色板对茶小绿叶蝉和天敌的诱捕效果

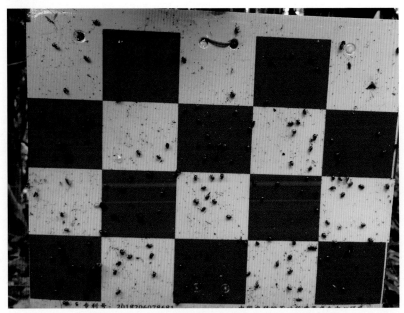

图6-20　天敌友好型色板防治茶角胸叶甲

五、科学用药

在茶树病虫害危害严重时，结合生产实际以使用生物农药为主，但要选用国家标准规定可在绿色食品茶园中使用的药剂，并合理用药、严格遵守采茶安全间隔。同时，以采用静电喷雾高效施药技术为主，宜低容量喷雾，一般蓬面害虫实行蓬面扫喷；茶丛中下部害虫提倡侧位低容量喷雾。此外，秋冬季宜选用石硫合剂封园。

第七部分
英红九号茶树常见病虫害及防治技术

一、茶圆赤星病

又称茶褐色叶斑病、茶褐色圆星病，主要发生在高湿、多雾的茶园，早春发生严重。发病茶园呈现一片紫褐色，病叶大量脱落，致使树势衰弱，用病叶制成的红条茶破碎率高，汤色混暗，味苦涩，该病对茶叶品质影响很大（图7-1）。大龄树较幼龄树发病重。

图7-1　英红九号茶圆赤星病危害状

掌握病害发生发展的动态规律，是做好防治工作的前提。广东英德茶区由于连续四年的夏季和秋季的日照时数和日平均温度都较春季高，因此在夏、秋两季很少发生茶圆赤星病的情况，即使降水量大，高温也为茶树的生长创造了适宜的条件。茶园应该重点关注春季多雨、光照较少时此病的防治。建议广东英德茶区，尤其是发病较严重的大叶种茶树区，如果出现连续两个月低温、高湿、少光的气候，须加强对茶圆赤星病的防治工作；特别是采摘期间3—4

月，若平均气温只有15～20℃，相对湿度为80%以上，日照时数每天少于2小时，就要采取相应的防治措施，尤其是大龄树，要加强茶园各项管理，应该合理修剪、勤除茶园杂草，以利通风透气；合理施肥，注重氮、磷、钾肥配合，提高茶树抗病力。

通过对英德市2014—2017年的3—5月日平均温度、日平均降水量、日照时数和相对湿度四个气象因子和春茶生长期的茶圆赤星病发病率统计发现，在春茶生长期内，日平均温度2015年最高，2014年最低，相差0.9℃；日照时数2017年比2015年高出12%，为0.3小时；日平均降水量2016年比2015年高出38%，为4.4毫米；2014—2017年相对湿度最大相差2.4%（表7-1）。可以看出日平均降水量之间的差异很大，日照时数、相对湿度、日平均温度之间差异很小。2016年春季的日平均降水量最大，发病率最高，2015年春季降水量最小，发病率最低。从而可知，春茶生长期的茶圆赤星病发病率与3—5月日平均降水量密切相关。

表7-1　英德市3—5月气象因子和春茶茶圆赤星病发病率

年份	日平均温度/℃	日平均降水量/毫米	日照时数/小时	相对湿度/%	发病率/%
2014	20.8	13.5	2.5	81.7	4.9
2015	21.7	11.5	2.4	81.4	2.8
2016	21.6	15.9	2.6	79.3	17
2017	21.1	12.9	2.7	79.6	4.4

二、茶萎芽病

茶萎芽病是英红九号常见的病害，对幼龄茶树影响较大。主要侵害嫩芽、嫩茎，病部初期出现水渍状病斑，随后病斑扩大，黑变，芽头弯曲萎垂，当病斑扩展至叶柄时，叶片易脱落，后期芽梢枯萎变黑、质脆，停止生长（图7-2）（刘淑绮，1985）。

图7-2　英红九号茶萎芽病危害状

　　一般在5月上中旬发病，在温湿度较大的年份或季节性高温高湿时发病率较高。主要通过农业手段进行干预，可及时采摘，减少嫩枝、嫩芽的病菌扩散，如果危害较为严重，可以修剪病枝，并将病枝带出茶园处理，减少扩散。

三、茶炭疽病

茶炭疽病是茶园常见病害。主要侵害成叶和老叶。发病时，叶边缘或叶尖产生病斑，初为暗绿色，水渍状，后转黄褐色，最后变成灰白色的不规则斑块，其上散生黑色小粒点，病健界限明显（图7-3）。

温度在25～27℃，高湿条件下容易发病。1年有两个发病高峰期，分别为5—6月雨季和8—10月秋季。树势弱、管理粗放、偏施氮肥的茶园发病相对较重。应加强茶园管理，避免偏施氮肥，重视冬季清园，减少病原菌。

图7-3　英红九号茶炭疽病危害状

四、茶云纹叶枯病

茶云纹叶枯病为茶园常见病害。主要侵害成叶和老叶，严重时也危害嫩叶。发病时叶尖或叶缘初为淡黄绿色，水渍状，后转褐色，病斑不规则或呈弧形，上有波状轮纹，着生灰黑色小粒（图7-4）。嫩叶病斑为褐色，圆形，后变黑褐色枯死。在高温高湿条件下容易发病，7—8月易成为病害发生高峰期。管理粗放、采摘过度的幼龄茶园，以及受螨类、冻伤、日灼等为害的茶园易出现该病害。

图7-4　英红九号茶云纹叶枯病危害状

应加强茶园管理，避免偏施氮肥，重视冬季清园，注意清沟排水，提高茶树抗病能力。

五、茶饼病

茶饼病又称叶肿病、疱状叶枯病、茶苞、茶泡、茶桃，是茶园常见病害。危害幼芽、嫩叶、嫩柄。发病初期，叶片出现淡黄或淡红色透明圆斑，病斑正面凹陷，背面凸起，上覆白色粉状物（图7-5）。后期病斑干缩，病叶萎凋直至脱落。在低温高湿、多雾少光条件下易发病，对高温、干燥及强光极为敏感，广东英德地区3—4月易成为该病害发生高峰期。高山茶园或杂草多、栽植密集、通风差的茶园发病较重。

图7-5　英红九号茶饼病危害状

应加强茶园管理，勤除杂草，注重茶树侧枝修剪，保证茶行间隙，合理栽植遮阴树；发病茶树可在初期进行轻修剪，病枝带离茶园处理。合理施肥，适当增施磷肥、钾肥，增强树势。

六、茶藻斑病

又称茶白藻病，是茶树老叶常见病害。发病初期呈黄褐色小点或十字形斑点，后期以斑点为中心向外呈放射状扩展，形成圆形具纤维状纹理的灰绿色病斑，表面有灰绿色毛毡状物，病斑多时可连成不规则大斑。后期病斑表面光滑，呈暗褐色或灰白色（图7-6）。多危害生长衰弱的茶树。在土壤肥力不足、干旱或水涝及管理粗放的茶园易发生。

加强茶园水肥管理，对树势衰弱的茶园实行深耕，增施有机肥，提高土壤肥力，提高茶树抗病能力。注意开沟排水，疏剪长陡枝和病枝，保证茶行间隙，合理栽植遮阴树。

图7-6　英红九号茶藻斑病危害状

七、茶小绿叶蝉

学名：*Empoasca onukii* Matusda。

又称浮尘子、叶跳虫、小绿叶蝉，是茶树常见害虫。以成虫（图7-7）和若虫吸食茶树嫩茎、嫩叶汁液，破坏茶树营养物质的正常运输。茶小绿叶蝉是不完全变态昆虫，完成一个世代要经历卵、若虫和成虫3个阶段。在广东英德地区每年发生12～13代，世代重叠极为严重，没有明显越冬现象。1年当中有两个为害高峰，即5—6月和9—10月。

卵散产于嫩梢、叶脉或叶肉组织内，影响芽梢输导组织，阻碍水分和养分运输，影响芽梢正常生长；若虫和成虫怕阳光直射，喜嫩，多栖于嫩叶背面；具趋光性。茶树受到为害时，首先叶脉失水、变红，然后叶缘内卷、焦边，最后整个芽叶焦枯（图7-8）。

图7-7　茶小绿叶蝉成虫

图7-8　英红九号茶小绿叶蝉危害状

英红九号生态栽培实用图说

在芽叶受危害初期和中期，所制得的成茶具有特殊的蜜韵，台湾"东方美人"茶就是利用被茶小绿叶蝉危害后的鲜叶加工所得。广东英德地区由于自然防控茶小绿叶蝉，多数茶园的第二轮茶和第四轮茶均受到一定程度的危害，这两个时期的茶均会带蜜香，尤其是金萱和鸿雁十二号茶树品种制得的红茶、绿茶具有特别风味。英红九号茶树品种被茶小绿叶蝉危害后制得的茶虽具有蜜韵但同时带苦涩。

对于在英红九号茶树品种上防控茶小绿叶蝉，以绿色防控为主，尽量减少危害。在危害不严重的年份，尽量通过及时采摘将虫口数控制在一定范围内。

集成"预测预报＋保护天敌（铺草、间作）＋栽培管理（采摘、修剪和追肥）＋天敌友好型杀虫灯诱杀＋天敌友好型色板诱杀＋植物源农药"防控模式（图7-9，表7-2）。

图7-9　英红九号茶小绿叶蝉防控模式

表7-2　茶小绿叶蝉防控集成模式

时间	防控措施
2月	利用监测预警信息系统或检叶法进行预测预报
3月中旬	打开天敌友好型杀虫灯诱杀越冬代成虫，压低虫口基数
5月	放置天敌友好型色板诱杀成虫，压低虫口基数
6月	监测若虫虫口，若达防治指标（夏季每百叶10头），及时喷施植物源农药
10月	监测若虫虫口，若达防治指标（秋季每百叶12头），及时喷施植物源农药
11月至翌年1月	关闭杀虫灯，土壤铺草保护天敌，喷施石硫合剂降低刺吸式口器害虫的越冬基数

八、灰茶尺蠖

学名：*Ectropis grisescens* Warren。

又称拱拱虫、量尺虫，为完全变态昆虫，完成一个世代需要经历卵、幼虫、蛹和成虫4个阶段（图7-10、图7-11、表7-3）。以幼虫咬食叶片进行危害，严重时可食尽茶树蓬面嫩叶（图7-12）。在广东英德地区每年发生6代，具世代重叠现象。各代累积作用会出现大爆发现象。灰茶尺蠖羽化期一般可持续1个月，半夜最盛。

图7-10　灰茶尺蠖成虫

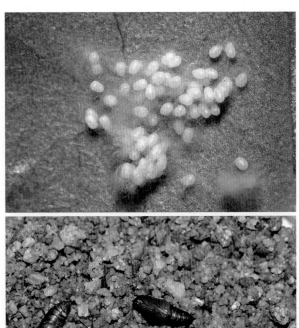

图7-11　灰茶尺蠖卵与蛹

图7-12　英红九号灰茶尺蠖危害状

表7-3　灰茶尺蠖不同虫期生活史

代别	卵	幼虫	蛹	成虫
第1代	2月下旬至3月上旬	3月中旬至3月下旬	4月中旬至4月下旬	5月上旬至5月中旬
第2代	4月中旬至4月下旬	5月上旬至5月中旬	5月中旬至6月上旬	6月上旬至6月中旬
第3代	5月中旬至5月下旬	6月上旬至6月中旬	6月下旬至7月上旬	7月上旬
第4代	6月中旬至6月下旬	7月上旬至7月中旬	7月中旬至8月上旬	7月下旬至8月下旬
第5代	7月中旬至7月下旬	8月上旬至8月中旬	8月中旬至8月下旬	8月中旬至9月上旬
第6代	8月上旬至8月中旬	9月上旬至9月中旬	9月中旬至越冬	9月下旬至10月上旬

集成"预测预报＋保护天敌（铺草、间作）＋栽培管理（采摘、修剪和追肥）＋天敌友好型杀虫灯诱杀＋性信息素诱捕器诱杀＋植物源农药"防控模式（表7-4）。

表7-4　灰茶尺蠖防控集成模式

时间	防控措施
2月	利用监测预警信息系统或检叶法进行预测预报
3月中旬	放置灰茶尺蠖性信息素诱捕器、打开天敌友好型杀虫灯诱杀越冬代成虫，压低虫口基数
3月底至4月中旬	如有灰茶尺蠖幼虫发生（3龄以下），适时喷施茶尺蠖病毒BT制剂
6月	关注灰茶尺蠖幼虫发生，在3龄前喷施短稳杆菌等农药进行应急防治，也可进行强采或轻修剪
7—9月	灰茶尺蠖爆发高峰期，在3龄前喷施短稳杆菌等农药进行应急防治，若严重发生，需在7～10天连续进行2次药剂防治
11月	关闭杀虫灯，结合深耕施肥撒施白僵菌、绿僵菌菌土（1.5～2.5千克/亩菌粉，拌土15～25千克，混匀）或绿僵菌粒剂（2～3千克/亩），降低越冬基数。

九、茶毛虫

学名：*Euproctis pseudoconspersa* Strand。

又名茶毒蛾、摆头虫、毒毛虫，为完全变态昆虫，完成一个世代需要经历卵、幼虫、蛹和成虫（图7-13）4个阶段。以幼虫聚集咬食嫩叶和成叶，危害茶树，严重时树皮均被食光（图7-14）。影响茶叶产量和品质。成虫、幼虫体表绒毛具毒，能引起人体皮肤红肿，严重时会造成过敏性呼吸困难。在广东英德地区每年发生4代，无世代重叠现象（图7-15）。

图7-13　茶毛虫成虫

图7-14　英红九号茶毛虫危害状

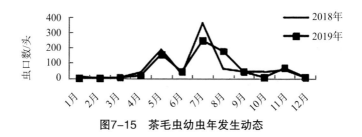

图7-15　茶毛虫幼虫年发生动态

集成"预测预报＋保护天敌（铺草、间作）＋栽培管理（采摘、修剪和基肥）＋天敌友好型杀虫灯诱杀＋性信息素诱捕器诱杀＋植物源农药"防控模式（表7-5）。

表7-5　茶毛虫防控集成模式

时间	防控措施
2月	利用监测预警信息系统或检叶法进行预测预报
3月中旬	打开天敌友好型杀虫灯，诱杀越冬代成虫，压低虫口基数
4月中下旬	关注茶毛虫幼虫发生（3龄以下）情况，适时喷施茶毛虫病毒BT制剂
5月	在茶毛虫越冬代成虫羽化前，放置茶毛虫性信息素诱捕器（2～4套/亩）
6～9月	关注茶毛虫幼虫发生情况，在3龄前喷施短稳杆菌等农药进行应急防治
11月	茶树修剪，去除卵块，关闭杀虫灯
12月至翌年1月	土壤深耕施肥破坏虫蛹，土壤铺草保护天敌

十、茶角胸叶甲

学名：*Basilepta melanopus* Lefevre。

又称黑足角胸叶甲，完全变态昆虫，完成一个世代需要经历卵、幼虫、蛹和成虫4个阶段（表7-6）。成虫取食茶树新梢嫩叶和成叶。被咬叶片上呈数个小孔，后期多个小孔连成一片呈不规则大洞，严重时整片茶园叶片被咬得千疮百孔，对夏、秋茶产量影响极大，同时影响茶树正常生长（图7-16）。茶角胸叶甲每年发生1代，以老熟幼虫在茶树根际圆形土室内越冬，越冬期较长，为11月至翌年4月。成虫（图7-17）具假死性，受惊扰即刻掉落地面，飞行能力强，畏强光。

图7-16　英红九号茶角胸叶甲危害状

图7-17　茶角胸叶甲成虫

表7-6 茶角胸叶甲发生期

越冬幼虫	蛹	成虫	卵
11月上旬至翌年4月上旬	4月上旬至4月下旬	5月中旬至6月中旬	5月下旬至7月上旬

茶角胸叶甲可通过农业防治、生物防治和物理防治等手段进行综合防治，将虫口数控制在一定范围内。在成虫盛发期，利用成虫假死性，将涂有黏着剂的薄膜摊放在茶丛下，小竹竿轻拍树冠震落成虫，集中消灭。此手段需要一定的人工帮助。结合早春或冬季清园、浅翻土壤，撒施或喷施白僵菌，可减少越冬幼虫数。利用天敌友好型色板，也可诱杀成虫。铺草覆盖，可保护和利用天敌，让茶园鸟类、蚂蚁、步甲等类天敌有效控制害虫发生。试验结果显示，施用白僵菌、茶皂素、苦参碱后11天的茶角胸叶甲虫口减退率分别为92.44%、82.59%、74.64%，表明白僵菌对茶角胸叶甲虫口减退效果最优。

十一、蛴螬

蛴螬（Grub）是为害茶树根系的鞘翅目金龟甲总科幼虫的统称，又名白土蚕。茶园常见的金龟甲主要有铜绿金龟甲（*Anomala corpulenta* Motschulsky）、大黑金龟甲（*Holotrichia diomphalis* Bates）、黑绒金龟甲（*Maladera orientalis* Motschulsky）、四纹丽金龟甲（*Popillia quadriguttata* Fabricius）等。金龟甲幼虫咬食切断茶苗根部，可造成茶苗死亡（图7-18）。蛴螬活动受田间温湿度影响较大。暮春和初秋是蛴螬活动和为害高峰期。蛹的羽化一般在4—6月，羽化后成虫出土，出土高峰期也与温湿度相关。雌雄成虫交配后产卵于土中，幼虫孵出后的生长发育时间正是茶树生长旺盛季节。

深耕晒垄可杀死一部分害虫，让害虫或虫卵暴露在表面，既能破坏其越冬、繁殖的场所，减少害虫的基数，又能达到使土壤松软的目的。结合中耕或开沟施肥，每公顷使用白僵菌或绿僵菌22.5～37.5千克拌土。使用天敌友好型杀虫灯或性信息素诱捕成虫，可使蛴螬发生率降低。

图7-18　英红九号蛴螬危害状

十二、粉虱

粉虱主要有黑刺粉虱［*Aleurocanthus spiniferus*（Quaintance）］与白刺粉虱（*Dialeurodes citri* Ashmead）。

黑刺粉虱，又名橘刺粉虱；白刺粉虱，又名通草粉虱、白粉虱、绿粉虱。两者均为完全变态昆虫，完成一个世代需要经历卵、幼虫、蛹和成虫4个阶段。均以幼虫吸取茶树汁液并排泄蜜露危害茶树，且蜜露会招致霉菌滋生，形成煤烟病，严重时整片茶园漆黑一片（图7-19），导致茶树无法正常进行光合作用，不易发芽和正常生长，影响茶叶产量和品质。在广东英德地区发生4代，黑刺粉虱幼虫详细发生时间见表7-7。成虫晴天活跃，对黄色具有趋性，可悬挂黄色色板诱集。黑刺粉虱在荫蔽潮湿的环境中发生较重，窝风向阳洼地茶园发生数量较大。白刺粉虱在4—5月和7—8月发生较重。

图7-19　英红九号黑刺粉虱危害状及成虫

環境条件和天敌是影响黑刺粉虱和白刺粉虱种群动态的关键因子。从根本上控制该虫，应多从生态环境和农业防治方面考虑。合理密植，加强通风管理，冬剪时注意修剪侧枝和剪除病枝。保护天敌生长繁殖的环境，利用天敌自然防控。如果需要使用农药防治，倡导使用生物农药。如利用粉虱座壳孢菌或韦伯虫座壳孢菌菌粉喷施或在茶丛周围挂放菌枝，还可喷施0.5%印楝素乳油2 000倍液。

表7-7　黑刺粉虱幼虫发生期

第1代	第2代	第3代	第4代
4月中旬至5月中旬	6月上旬至7月上旬	7月上旬至8月中旬	8月上旬至越冬

十三、茶橙瘿螨

学名：*Acaphylla theae* Watt。

又名茶刺叶瘿螨、茶锈壁虱、斯氏小叶瘿螨。为不完全变态昆虫，完成一个世代需经历卵、若虫和成虫3个阶段。每年发生20~30代，世代重叠严重，在广东英德地区无明显越冬现象。以成螨、幼螨和若螨吸食叶背面汁液危害茶树。受害严重时，叶背面呈现黄褐色锈斑甚至褐色锈斑，叶脉变红，叶片失去光泽，芽叶萎缩，整片茶园为铜红色，状似火烧，后期叶片大量脱落（图7-20）。

日均温度升至10℃以上，茶橙瘿螨开始活动和繁殖，最适温度为18~25℃，干旱少雨气候会加重发生。高温持续过久则会抑制其繁殖，暴雨冲刷也会导致虫量急剧下降。

在发生早期，及时分批采摘可有效防控虫害大量发生。茶园适时修剪，及时疏枝和剪除病枝，降低虫口发生量。干旱季节应多喷水，增加茶园湿度。

图7-20　英红九号茶橙瘿螨危害状

十四、中喙丽金龟

学名：*Adaretus sinicus Burmeister*。

又名茶色金龟子，属鞘翅目金龟总科，是茶树食叶性的害虫之一，同时也是茶树幼苗期地下的害虫之一。成虫啃食嫩叶，被害叶

呈现不规则形缺刻、孔洞，影响茶树长势和产量（图7-21）。此虫
分布在广东省英德各茶区。为完全变态昆虫，完成一个世代需经历
卵、幼虫、蛹和成虫4个阶段。成虫具有趋光性和假死性，日间栖
于表土内，黄昏后出土活动，夜间取食、交尾，黎明前飞回土中潜
伏并产卵。卵多产于湿润松土中。该虫最适宜在湿润、疏松、有机
质丰富的土壤内生长繁殖。

图7-21　英红九号中喙丽金龟危害状及成虫

结合施基肥进行耕锄、浅翻、深翻可明显影响初孵幼虫的生存。种茶前结合土地翻耕整地，捕杀幼虫。增加茶园生物多样性，保护和利用天敌。成虫盛发期可在田间安装天敌友好型杀虫灯诱杀成虫，能减少下一代幼虫发生，也可利用性信息素诱捕成虫。成虫发生盛期每亩可喷施500克白僵菌粉稀释成的100倍液。

十五、茶小蓑蛾

学名：*Acanthnopsyche* sp.。

又名茶小背袋虫，为完全变态昆虫，完成一个世代需要经历卵、幼虫、蛹和成虫4个阶段。幼虫具护囊，集中在叶背取食嫩叶，危害茶树。幼虫咬食叶片，留下一层表皮，在叶片上呈不规则枯斑或圆孔状，具有集中为害特点，常形成为害中心。严重时局部茶树嫩枝嫩叶被食光殆尽，影响茶叶产量（图7-22）。茶小蓑蛾一年发生3代，多以幼虫悬挂在枝叶的护囊中越冬，待翌年气温升至10℃开始活动（表7-8）。雄虫白天羽化，黄昏交尾，具趋光性；雌虫羽化后次日产卵。初孵幼虫离开母囊后即可吐丝黏着细碎叶片做成护囊，初为黄绿色，后变枯褐色。幼虫老熟后，从囊中吐一根长丝悬挂在茶丛的荫处。

表7-8　茶小蓑蛾成虫发生期

第1代	第2代	第3代
4月上旬至5月下旬	7月下旬至8月下旬	9月上旬至10月下旬

茶小蓑蛾具有集中为害的特点，可人工清除或局部剪除病枝，降低虫口数。可安装天敌友好型杀虫灯诱杀，也可利用性信息素诱杀成虫，减少交配，控制田间虫口数。茶园实施生态环境管理，保护和利用天敌。目前已知的天敌有寄生蜂类（蓑蛾瘦姬蜂、蓑蛾瘤姬蜂、费氏大腿蜂、褐腹瘦姬蜂、骆姬蜂、小蓑蛾瘦姬蜂等），捕食性天敌红点唇瓢虫、花腹金蝉蛛、屁步甲、蚂蚁及鸟类，病原微生物白僵菌。喷施2.5%鱼藤酮乳油300～500倍液。

图7-22　茶小蓑蛾幼虫及其在英红九号上的危害状

十六、咖啡木蠹蛾

学名：*Zeuzera coffeae* Niether。

又名茶枝木蠹蛾、豹纹木蠹蛾、茶红虫、钻心虫等，为完全变态昆虫，完成一个世代需要经历卵、幼虫、蛹和成虫4个阶段。幼虫蛀食树干危害茶树，致使茶树枝叶枯萎、整株死亡（图7-23），影响茶树正常生长。多发生在衰老茶树和管理粗放的茶园。一年发生2代，以幼虫（图7-24）在树枝内越冬。3—4月化蛹，4—5月羽化，5—6月为成虫盛发期。成虫具趋光性、趋味性。

图7-23　英红九号咖啡木蠹蛾危害状

图7-24　咖啡木蠹蛾幼虫

可结合冬季修剪、清园，检查有排粪的孔洞，找到幼虫，剪除病枝并集中清除。在成虫盛发期，利用灯光诱杀，或悬挂糖醋蜂蜜液诱捕盆诱杀，减少下一代虫口数。保护和利用天敌长距茧蜂、中华茧蜂、寄生蝇和东方食植行军蚁等。在羽化盛孵期，喷施生物药剂进行防治，BT乳剂（苏云杆菌制剂）300～500倍液，0.6%苦参碱乳油1 000～1 500倍液；2.5%鱼藤酮乳油400倍液。

第八部分
主要自然灾害及应对措施

一、冻害

广东英德地区每年12月至翌年2月应注意局部降温，低温会造成英红九号茶树的冻害。茶树受冻害后会出现叶片变色干枯、枝干枯死等症状，还会造成春茶萌芽延迟，产量和品质下降，严重时影响茶树生长甚至导致茶树死亡（图8-1）。

图8-1 英红九号冻害危害状

应建立复合生态茶园，改善茶园小气候，加强茶园肥水管理，增施有机肥，保护茶树生长，提高茶树防冻能力。当遇到极端低温天气时或立地条件容易受霜冻影响时，冬季茶园管理可将英红九号茶树冬剪改为夏剪，可以提高茶园发芽密度、产量和品质，同时增施有机肥、铺草、冬季覆盖遮阳网以及合理喷灌等措施可减弱茶树冻害程度，从而保证茶园经济效益，减少自然灾害损失。

在距离茶行20～30厘米高度处搭架，用遮阳网、无纺布等覆盖茶树蓬面，也可用作物秸秆如稻草覆盖茶树蓬面，厚度为4～8厘米。行间铺草增加土壤温度，降低冻害对根系的影响。有喷灌系统的茶园，可在霜冻后次日早上9点气温升高后进行喷灌。由于晚上气温低，易结冰，傍晚后不宜喷水，否则会加重冻害对茶树的影响。当气温稳定回升后，应对受冻害的茶树进行合理修剪，以剪口低于冻死部位2厘米为宜。修剪受冻茶树后，还应合理平衡施肥，增施有机肥，增强树势，提高茶树抵抗力；喷施叶面肥，促进恢复树势。在立地条件易受霜冻的茶园，特别是大叶种茶树茶园，可将冬剪改为春剪或夏剪。

二、高温干旱

高温干旱是威胁茶叶生产的主要自然灾害之一，常造成茶叶减产，造成经济损失。

高温干旱主要使茶树生长停止，形成驻芽，顶部幼叶萎蔫干枯，叶片泛红，出现焦斑；受害严重的则会整叶枯焦、自行落叶，成叶灼伤自下而上，然后嫩梢干枯，最后茶树死亡（图8-2）。

预防主要从提高茶树抗旱能力、茶园保水、有效供水和降温四个方面入手，同时合理间种树木和增施有机肥有利于提高茶树的抗灾性，增加茶叶产量。对于幼龄茶园，要加强苗期管理，旱期分次培土护荫，培育壮苗。对封行茶园来说，留养相结合，防止采强，增施有机肥、钾肥，增加其抗逆性。另外，茶园铺草和合理种植园林树木、绿肥进行地面覆盖，保水降温，既可增加茶园土壤肥力，又有防护茶园旱热灾害的功效，对保证茶叶高产优质有特别意义。

图8-2　英红九号高温干旱危害状

附　录

英红九号茶树绿色高效生产技术模式

时间	1月	2月上旬	2月下旬	3月上旬	3月下旬	4月	5月上旬	5月下旬	6月	7月	8月	9月	10月	11月	12月
鲜叶采摘	—			3月中旬至5月上旬 一芽一叶、一芽二叶			夏茶、秋茶采摘期：5月中旬至11月 采摘标准：一芽二叶								—
主要病虫害	—			灰茶尺蠖、茶小绿叶蝉、茶萎芽病			灰茶尺蠖、茶小绿叶蝉、茶毛虫					茶小绿叶蝉			—
病虫害防控	—	间作景观树		—			适时修剪采茶								清园封园
	—	天敌友好型杀虫灯灯光诱杀+灰茶尺蠖、茶毛虫性诱剂诱杀+喷施尺蠖病毒、释放天敌													—
防控措施操作要点	性诱剂：2月下旬、4月中旬分别悬挂茶尺蠖、茶毛虫性诱捕器，2～4套/亩；及时更换诱捕器粘板；每3个月更换一次性诱芯。天敌友好型杀虫灯：2月下旬开灯，灯管下端宜位于茶树蓬面上方40～60厘米；宜大面积连片安装，每15～20亩安装1台。天敌友好型色板：20～30张/亩；色板下沿宜位于茶树蓬面上方20厘米；悬挂2～3周。封园：选用石硫合剂，用水量75升/亩，对茶树和地面枯枝落叶进行喷施。应急防治：首选短稳杆菌等高效的非化学药剂，喷施茶皂素、除虫菊素等生物农药时，间隔5～7天连喷2次；释放天敌														
平衡施肥	催芽肥（春茶开采前30～40天）肥料组成和用量：施用尿素10～20千克/亩 施肥方式：人工开沟5～10厘米深，施肥后覆土；或地表撒施后，机械旋耕5～8厘米						追肥（夏茶与秋茶）肥料组成和用量：施用尿素8～15千克/亩 施肥方式：人工开沟5～10厘米深，施肥后覆土；或地表撒施后，机械旋耕5～8厘米							基肥（11月上中旬）肥料组成和用量：施用花生麸100～150千克/亩（或者施用500～800千克/亩牛羊等粪肥）、茶叶专用肥20～30千克/亩（N-P₂O₅-K₂O=18-8-12或相近配方）	
配套技术	行间覆盖：在茶园行间覆盖蔗叶等，覆盖厚度10厘米左右。种植生态植物：在幼龄茶园行间及园中裸露地块种植油菜，在茶园周边和道路两旁种植台湾相思、阴香、风铃木、紫荆等，在茶园内间作山苍子、托叶楹、蓝花楹等落叶树。以草抑草：在茶园内裸露地面种植大豆、箭舌豌豆、鼠茅草、圆叶决明、白花三叶草等，以抑制杂草。水肥一体化技术：在茶园追肥中应用滴灌施肥技术。树冠管理：12月至翌年1月轻修剪														

参考文献

陈建明，张珏锋，陈列忠，等，2009．几种植物源农药对茶树主要害虫的毒杀作用［J］．浙江农业科学（4）：759-762．

仇兰芬，2010．北京地区茶翅蝽天敌种类及其控制作用研究［J］．北方园艺（9）：181-183．

郭灿，高秀兵，何莲，等，2014．茶树病虫害生物防治应用研究进展［J］，广东农业科学，41（6）：105-109．

江丽容，刘守安，韩宝瑜，等，2010．7种寄主和非寄主植物气味对茶尺蠖成虫行为的调控效应［J］．生态学报，30（18）：4993-5000．

黎健龙，黎华寿，黎秀娣，等，2014．广东英德茶区蜘蛛群落结构及多样性研究［J］．茶叶科学，34（3）：253-260．

黎健龙，苗爱清，唐劲驰，等，2010．复合间作栽培模式对茶园节肢动物群落的影响研究［J］．广东农业科学，37（9）：129-131．

黎健龙，苗爱清，吴利荣，等，2010．不同遮荫管理对茶园主要天敌与害虫的影响［J］．广东农业科学，37（12）：85-87．

黎健龙，唐劲驰，吴利荣，等，2010．间作与覆盖对茶园生物多样性及茶叶产量的影响［J］．广东农业科学，37（11）：29-32．

黎健龙，涂攀峰，陈娜，等，2008．茶树与大豆间作效应分析［J］．中国农业科学（7）：2040-2047．

黎健龙，吴家尧，唐颢，等，2007．不同砧木嫁接英红九号成活率的调查报告［J］．广东茶业（6）：22-25．

黎健龙，赵超艺，伍锡岳，2008．园林树木在茶园中应用与文化内

涵 [J]．广东茶业（1）：28-30．

李家贤，曾佛桂，邱陶瑞，等，1999．大叶茶新品种英红九号的选育及利用 [J]．广东农业科学（1）：26-28．

梁龙，谢斌，李明红，等，2020．基于生态位视角的贵州茶产业发展现状及问题与对策 [J]．贵州农业科学，48（9）：147-152．

刘冬莲，黄运珍，李秀丽，等，2008．花生麸肥对果树种植的影响 [J]．安徽农学通报（9）：231．

刘淑绮，何德文，郭远安，1985．新的茶病——茶萎芽病调查 [J]．广东农业科学（6）：43-45．

刘淑绮，李同庆，1985．茶一新病害——茶萎芽病研究 [J]．植物保护学报（2）：73-77．

骆耀平，2008．茶树栽培学 [M]．北京：中国农业出版社．

彭萍，徐进，侯渝嘉，2007．假眼小绿叶蝉性信息素田间诱捕试验 [J]．南方农业（1）：77-78．

宋湧，2014．新茶园开垦与茶树种植技术 [J]．福建农业科技（2）：45-47．

苏火贵，郑靖雅，吴月德，等，2015．茶园水肥一体化技术应用及发展前景 [J]．广东茶业（Z1）：38-40．

唐颖，唐劲驰，黎健龙，等，2011．茶园土壤不同培肥模式对茶叶品质的影响 [J]．广东农业科学，38（21）：71-73．

唐劲驰，吴利荣，贾瑞昌，等，2007．名优茶园节水技术研究 [J]．广东农业科学（7）：20-23．

唐劲驰，吴利荣，吴家尧，等，2011．初投产茶园氮磷钾配比施用与产量、品质的关系研究 [J]．茶叶科学，31（1）：11-16．

王峰，吴志丹，江福英，等，2012．绿肥对茶园生态系统的影响及其发展对策 [J]．南方农业学报，43（3）：402-406．

吴利荣，赵超艺，唐劲驰，等，2009．嫁接英红九号改造低效益茶园试验研究［J］．广东农业科学（9）：27-30.

严志方，1985．试论茶园间作［J］．中国茶叶（2）：36-37.

杨亚军，梁月荣，2014．中国无性系茶树品种志［M］．上海：上
海科学技术出版社．

袁娅琼，孟振杰，王立，等，2004．用挖掘机开辟山地茶园新技术
［J］．中国茶叶（5）：23.

张冬燕，荣骓，吴笛，等，2015．新茶园建设技术措施［J］．蚕
桑茶叶通讯（1）：34-35.

张金福，2007．花生麸肥的正确使用［J］．农村实用技术（2）：
55.

周波，黎健龙，唐颢，等，2017．蚯蚓生物有机培肥对金萱绿茶品
质成分的影响［J］．南方农业学报，48（7）：1261-1265.

周顺玉，尹健，马俊义，2011．几种植物源农药对2种茶树害虫的
防治效果［J］．安徽农业科学，39（21）：12727-12729.